U0185441

书香雅集

少 年 中 国 地 理

园

姚青锋　王　刚　吴　艳◎主编　书香雅集◎绘

吉林科学技术出版社

目·录

园

一池三山：太液池、蓬莱、方丈、瀛洲

仙境在人间

传说，在东方的海上有三座仙山，蓬莱、方丈和瀛（yíng）洲。山上有壮丽的宫殿、珍奇的异兽和不死的仙药。秦始皇为了长生不老，多次派人出海寻药。为了表达对仙境的向往，秦始皇还让人在长安附近的渭南，修上林苑，建蓬莱山。可是，功高盖世的秦始皇，也终究没能脱离生死的苦恼，最终也驾鹤西去。

为了走进梦中的仙境，年轻有为的汉武帝也不甘落后，他将秦始皇修建的上林苑进行了宏大的扩建，以山水为苑，造建章宫，凿太液池（即古代的泰液池），筑三岛，象征蓬莱、方丈和瀛洲三山。“一池三山”的构造不仅丰富了湖面的层次，也打破人们单调的视线，从此成为中国山水园林的经典布局，被一代一代传承下来。

昭阳殿里恩爱绝，蓬莱宫中日月长。

——〔唐〕白居易《长恨歌》

华美的宫苑

中国园林最早的记载，可追溯至周文王时期，至今已有三千多年的历史。《诗经》里说，周文王建灵囿（yòu），把自然景色优美的地方圈起来，放养禽兽，供狩猎游玩。囿是最早的园林，主要以养殖、观赏、狩猎和祭祀为主。园林的修建近乎天然，囿内最主要的人工建筑是"台"，大苑囿和高台榭相互点缀，初步形成了以自然山水为骨的园林建造理念。

周文王之后，天然的苑囿逐渐发展成为早期的园林。春秋时期，江南的姑苏台已经具有园林的诸多要素。为了耗尽吴国国力，越王勾践将美女西施献给了吴王夫差。为哄美人开心，夫差为西施增建馆娃宫、响屐(jī)廊、琴台、玩月池和玩花池，又重修姑苏台。

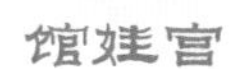

馆娃宫

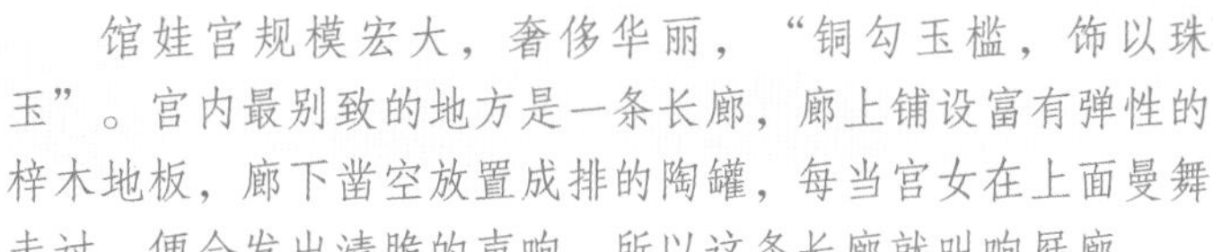

馆娃宫规模宏大，奢侈华丽，“铜勾玉槛，饰以珠玉”。宫内最别致的地方是一条长廊，廊上铺设富有弹性的梓木地板，廊下凿空放置成排的陶罐，每当宫女在上面曼舞走过，便会发出清脆的声响，所以这条长廊就叫响屐廊。

极尽奢华：皇家园林

到了唐宋时期，由于经济的发达和文化艺术的发展，园林的兴建，逐渐出现兴盛的局面。“不爱江山爱丹青”的千古画帝宋徽宗，倾举国之力，大兴花石纲，在汴京东北修建“括天下之美，藏古今之胜”的艮（gèn）岳。取天下瑰奇特异之灵石，移南方艳美珍奇之花木，通过水运陆运，源源不断地运送到汴京。

宋徽宗所修筑的艮岳是历史上规模最大、结构最奇巧，以石为主的假山。艮岳是一座叠山、理水、花木、建筑完美结合的具有浓郁诗情画意而较少皇家气派的人工山水园，它代表着宋代皇家园林的风格特征和宫廷造园艺术的最高水平。

艮岳是宋徽宗心中的江南梦。徽宗不惜背负昏庸之帝的骂名，亲自构思设计，亲题《御制艮岳记》。整个艮岳以南北两山为主体，前后相续，山水相依。园内植奇花美木，养珍禽异兽，构飞楼奇观，极尽奢华。艮岳是中国有史以来最为优美的皇家游娱苑囿，也是中国历史上第一座完全由人工建成的园林。

花石纲

花石纲是中国历史上专门运送奇花异石以满足皇帝喜好的特殊运输交通名称。北宋徽宗时，“纲”意指一个运输团队，往往是十艘船称一“纲”。当时指挥花石纲的有杭州“造作局”，苏州“应奉局”等，奉皇上之命对东南地区的珍奇文物进行搜刮。

万岁山来穷九州，汴堤犹有万人愁。

中原自古多亡国，亡宋谁知是石头。

——选自元代诗人郝经《陵川集·卷十五》

山水佳处：私家花园

唐宋时期，园林也慢慢走向了民间。在风景秀美的地方，一些私人宅院也开始兴盛起来。尤其是文人雅士所建的园林，更加注重游乐和赏景的作用，他们将诗文、绘画与造园艺术结合起来，显得更雅致清新，充满诗意。唐朝诗人白居易游庐山，见香炉峰下云水泉石胜绝，爱不能舍，便依天然胜境筑草堂，辟石垒台，引泉悬瀑，巧借山竹野卉和四周景色。

唐朝的另一个大诗人王维，寄情山水，在长安附近的辋（wǎng）川谷，构筑了意境深远、简约、朴素的庄园别墅——辋川别业。天气晴和，王维邀同为诗人的好友裴迪来辋川小住。二人结伴同游，赋诗唱和，王维作《辋川图》，“山谷郁郁盘盘，云水飞动，意出尘外，怪生笔端”，辋川的20个美景被尽数收入诗画之中。辋川别业成为唐宋写意山水园的代表之作。

唐代别墅园

就是建在郊野地带的私家园林，规模较大的称为别业、山庄、庄，规模较小的叫作山亭、水亭、田居、草堂等。

天下湖山：佛国仙境

宋代的赵抃有一句诗是这样讲的："可惜湖山天下好，十分风景属僧家。"在皇家园林和私家园林之外，还有一类分布广泛的寺庙园林。寺庙园林是寺庙建筑、宗教景物、人工山水和天然山水的综合体，它们遍布在自然环境优越的名山胜地。优美的自然景色，独特的环境景观，丰富的典故传说，使寺庙园林成为人们游览观光的一大胜地。

佛教四大名山：峨眉山、五台山、九华山、普陀山。

在古代，寺庙园林也是诗人避世的最佳之地。文人雅士喜欢在寺院中吟诗、赏花、登塔观景，寺院环境清幽，花木繁盛，给人以无限的创作灵感。唐朝诗人张继赴京赶考失利，回乡途经寒山寺，他感慨万端，写下了著名的《枫桥夜泊》。佛家清静脱俗的理念，被巧妙地注入到自然景物之中，使如画的诗意散发出无尽的空灵与禅思。

皇家园林多通过其恢宏的体量和富丽的装饰，来表现皇权的威严和至高无上。

私家园林则通过多变的亭台楼阁、有趣的廊桥组合，来体现园主的匠心别具。

寺庙园林则善于利用自然界的天然情趣，来表现宗教玄学的自然观和世界观。

枫桥夜泊

〔唐〕张继

月落乌啼霜满天，江枫渔火对愁眠。
姑苏城外寒山寺，夜半钟声到客船。

文人园林，灵魂高地

中国的古典园林大多是由帝王将相、达官贵人、文人雅士和山寺僧尼建造的。行走在江南的古镇，特别是苏州城里，我们经常会遇到一些幽雅清静、超凡脱俗，有着水墨画意境的古典园林，这些大多都是文人建造的。

文人园林的特点

1.规模一般小而精巧，模山范水，写实和写意结合，园林与山水画、山水诗文互相影响，是老庄哲理、佛道精义、六朝风流影响浸润的结果。

2.格调大多清新雅致，园林融和了园主人的文心与修养，园内景物表现出浓浓的文学意境与诗情画意，心物相应、情景交融，令人流连忘返。

中国古代的读书人，大都追求闲适、隐逸的人生状态。他们希望在官场俗务之余，能回归自己的天地，隔离红尘，寄情山水，吟诗作赋，无拘无束。他们中间一些有财力的人，就通过修建园林的方式，来实现自己的精神寄托。“不出城廓而获山水之怡；身居闹市而得林泉之趣”，园林是属于主人自己的艺术和生活空间，更是他们精神世界的鲜明写照。

园林是造园主的蓬莱仙境、梦中桃源，它与主人的情操、爱好、趣味和修养，一脉相承，息息相通。主人乐山，园林便以堆石叠山见奇；主人乐水，园林便以流泉飞瀑称绝；主人爱花，园林便四季花卉争艳，可谓一园一洞天，一景一河山。东晋的王羲之一生淡泊清高，与朋友在山清水秀的会稽山之兰亭，曲水流觞，畅叙幽情，成为千古佳话。

七分主人，三分工匠

中国古代的园林，是经验丰富的建造师和匠师们根据园林主人的意愿和要求修建的。他们以建筑、山水、植物为基本素材，通过巧妙的双手，将“主人”内心的山林梦想和审美追求，在有限的土地上营造出来。“七分主人，三分工匠”，一座园林文化艺术品位的高低，取决于园主的艺术境界和胸中文墨。只有高洁淡泊、胸有丘壑的人，才能造出绝佳的山水。

明代的造园大师计成幼年时饱学诗书，青年时代遍访名山大川。经过刻苦钻研和实践，山水园林在他手下成了立体的画、写意的诗。他将自身经验归纳总结，写成了世界上最早的造园学专著《园冶》。《园冶》全面介绍了中国古典园林的建造经验，被人推崇为园林建造学的鼻祖。

明清之后，随着园林的发展，涌现出一批优秀的园林设计大师和能工巧匠。戈裕良创“钩带法”，能使假山浑然一体，既逼肖真山，又可坚固千年不败。张涟善叠假山，“以高架叠缀为工……土石相间，颇得真趣。”文震亨著《长物志》，以研究园林的内部装修和陈设布置著称于世。姚承祖著《营造法原》，被誉为“中国南方建筑之宝典”。

现存的苏州文人园，其“主人”大多为下述三类人群

贬谪、隐退的官吏，无心爵禄的吴中名士，崇尚风雅、修养有素的文人官僚和富商。

香山之匠，园林之师

苏州香山位于太湖之滨，自古出能工巧匠，是我国著名的建筑工匠之乡。历史上曾有“江南木工巧匠皆出自香山”的记载。香山匠人擅长复杂精细的中国传统建筑技术，他们技艺高超，自成一派，被称为“香山帮”。东晋时期，从中原逃亡而来的士大夫定

香山帮传统建筑营造技艺先后入选“第一批国家非物质文化遗产名录”和“世界非物质文化遗产”。

居江南，他们纷纷大兴土木，建宅造园，香山匠人就成了他们的座上客。明朝以来，香山帮便以高超的建筑工艺，闻名全国。以紫禁城为代表的大型皇家宫殿，以苏州园林为代表的私人园林，很多都是香山工匠的杰作。

蒯（kuǎi）祥是中国明代杰出的建筑匠师，也是香山工匠的代表。当年朱棣迁都北京，从江南招募了大批能工巧匠。蒯祥技艺高超，被征召入京，他木匠、泥匠、石匠、漆匠、竹匠，五匠全能，被明成祖委以重任，主持修建故宫和天安门，一时声名鹊起。最后，蒯祥官至工部侍郎，成为天下百工的总领头，也被称为“香山帮”的鼻祖。

香山帮匠人师徒相承，口口相授，他们以木工、泥水工为主体，木雕工、砖雕工为辅，以画工刻工为佐，叠山、理水、砌砖、木雕、石雕、砖雕、彩绘、泥塑……形成了一整套非常系统的建筑技艺体系。

师法自然，妙极自然

千百年来，中国文化一直追求天人合一、“道法自然”的哲学理念。在园林的结构布局、配置建筑、山水、植物上，竭力追求顺应自然的天成之美，“假自然之景，创山水真趣”，逐渐形成了源自自然，师法自然，妙极自然，虽由人作，宛自天开的园林创作理念。“一池之水，包容江海；几撮山石，喻指众岳”，这是人们对自然山水及山川的欣赏和崇拜，也是“天人合一”思想的最佳体现。

中国的古典园林，不是简单地模仿自然，而是对自然山水的“写意”和“再造”，叠山理水，融于自然；树木花卉，表现自然；建筑经营，顺应自然。它们占地虽小，却能移天缩地；虽为咫尺，但变化无穷；移步换景，渐入佳境，看似平常，却意趣充溢。它“笼天地于形内，挫万物于笔端”，在有限的空间营造出无限的自然之美，小中见大，萦回曲折，如画般气韵生动，处处含情。

中国古典园林的造园过程，一般要经过三个创作境界，即生境、画境和意境。

生境就是自然美

在营造林园的过程中，通过师法自然，模山范水，让全园变得生动有趣起来。

画境就是艺术美

将自然和生活素材结合，通过巧妙的艺术加工，使其“源于自然，高于自然”。

意境就是含蓄美

通过艺术手法，从“生境”和“画境”升华，虚实相生，让人感受到美的境界。

因地制宜，得影随形

古人讲风水，主张人与自然和平相处，要求人居环境与自然环境相互协调。在这一观念的影响下，得影随行、因地制宜，成为中国古典园林构园造景的重要原则。也就是说，要因山作势、就地成形，结合自然地形进行规划施工，要顺应自然、利用自然和装点自然，以达到“自成天然之趣，不烦人事之工。”的意境。

康熙皇帝在《芝径云堤》中，讲述了避暑山庄修建的设计思想：“自然天成地就势，不待人力假虚设。”承德避暑山庄的地形地貌，恰如中国的版图缩影：西北高、东南低；西边

是巍巍的高山，诸峰交错，呈奔趋之势；北边是绿草如茵，麋鹿成群，具有蒙古草原风情的“试马埭”；东南是洲岛错落的湖区，水光潋滟，花木扶疏，俨然一派江南景色。再加上蜿蜒起伏的宫墙，宛如万里长城绵延，符合一代帝王的独尊、端威庄严之势。

芝径云堤

〔清〕康熙皇帝

夹水为堤，逶迤曲折。径分三枝，列大小洲三，形若芝英，若云朵，复若如意。有二桥通舟楫。

万几少暇出丹阙，乐水乐山好难歇。

避暑漠北土脉肥，访问村老寻石碣。

众云蒙古牧马场，并乏人家无枯骨。

草木茂，绝蚊蝎，泉水佳，人少疾。

因而乘骑阅河隈，弯弯曲曲满林樾。

测量荒野阅水平，庄田勿动树勿发。

自然天成地就势，不待人力假虚设。

——选自（避暑山庄三十六景诗之第二首）

曲折有情，乃作天成

我国的古典园林崇尚天然之趣，饱含哲学审美，富有幽雅意境。造园者的人生哲学、品味修养，都蕴含在园林中的各个角落，儒家的道德修养、道家的自由超越、佛家的内省自娱，成为营造园林艺术的美学标准。在唐诗里，它是“曲径通幽处，禅房花木

明代的陈继儒在《小窗幽记》中，描绘了这样一个情趣盎然的山中小园：山曲小房，入园窈窕幽径，绿玉万竿，中汇涧水为曲池，环池竹树云石；其后平冈逶迤，古松鳞鬣（lín liè），松下皆灌丛杂木，茑萝骈织，亭榭翼然。

——〔明〕陈继儒《小窗幽记》

深。山光悦鸟性，潭影空人心”；在宋词里，它是“庭院深深深几许，杨柳堆烟，帘幕无重数”……这种诗情画意的意境美，是园林主人和无数能工巧匠集体智慧的结晶。

其中，最能突出园林幽雅意境的，莫过于造园技艺的曲折之美，或曲线之美。计成在《园冶》里说：“故凡造作，必先相地立基，然后定其间进，量其广狭，随曲合方，是在主者，能妙于得体合宜，未可拘牵。”所以，山要有蜿蜒起伏之曲，水要有流连忘返之曲，路要有柳暗花明之曲，桥要有拱券之曲，廊要有回肠之曲。曲水流觞，曲径通幽，让人峰回路转，耳目一新。这种“曲线之美”，不仅扩大了园林的空间感，而且移步易景，情随境生，使人“身居闹市，又有山林野趣”，令人回味无穷。

开径逶迤，竹木遥飞叠雉；临濠蜒蜿，柴荆横引长虹。院广堪梧，堤湾宜柳；别难成墅，兹易为林。

——〔明〕计成《园冶》

叠石为山，咫尺万里

中国古代的造园家们，有着与生俱来的审美和智慧，为了将自然界中绵延万里的崇山峻岭搬到园林中来，就借用山水画“咫尺万里”的写意手法，通过不同色彩、纹理、形状和质地的石材，巧妙地堆叠出形态各异的假山。或形奇、或色艳、或纹美、或质佳，片山有致，寸石生情，在参差错落间，营造出“虚实相生”的意境。

堆山叠石，师法自然，却又高于自然。“春山淡冶而如笑，夏山苍翠而欲滴，秋山明净而如妆，冬山惨淡而如眠。”描述的就是扬州个园的四季不同的假山，以石笋代表春山，湖石代表夏山，黄石代表秋山，宣石代表冬山。这些被赋予灵动生命的山石，因其兼有形式美、意境美和神韵美，还被称作园林中“立体的画”和“无声的诗”，在默默地向我们诉说着一个个动人的园林故事……

造园常用石材主要有太湖石、黄石、英石三种。

在选石上，自古以来多着重奇峰孤赏，追求“瘦、漏、透、皱、丑”，五者皆备乃石中之上品。

太湖石，具有“瘦、漏、透、皱”等特点，具有很强的观赏和收藏价值。

就造园来说，太湖石玲珑剔透，体形小者，可以独石构峰；高大有峰者，竖叠使线条与山峰保持一致，也可构筑峻壁危峰。黄石棱角分明，纹理古拙，质地坚硬，与山的稳定性格相互统一，横线条与大地相统一，可以堆叠雄山。在堆叠假山时，要充分利用各种不同的石质材料的颜色、形态、硬度等各种物理属性，扬长避短，尽力做到“因材施用”。

理水为园，烟波浩渺

在中国古典园林里，水是其中的灵魂。郭熙在《林泉高致》里说“山得水而活，水得山而媚”。不论哪一种类型的园林，水都是其中最富有生机的因素，人们常说，“无园不水、无水不活”。无论是引水入境、气象万千的静水，还是流泉飞瀑、云蒸霞蔚的动水，只有看到水，我们才能真正体会到中国的园林之美。

秦汉以来，皇家宫苑几乎都是“一池三山”的景观布局，古人以此来承载对大自然的敬畏和对理想世界的追求。我们看到的园林池沼，在形状和形态上，多模拟自然界的江河湖海，如避暑山庄的如意湖和颐和园的昆明湖；也有模拟溪涧池潭和小溪小池寄托深意的，如北海公园的静心斋和濠濮（háo pú）间。园中引水为景，水面架桥，桥畔设亭，曲廊回旋，春水潋滟，草木花石交映，妙趣横生。

古代园林的理水方法，一般有掩、隔、破三种。

掩就是以建筑和绿化，将曲折的池岸加以掩映；隔就是在水中筑堤或在水面架桥，增加景深和空间层次，使水面有幽深之感；破就是用乱石为岸，配以细竹野藤等植物，使园林平添山野风致。

濠濮间

濠濮间的名字，来自于“濠濮间想”。《世说新语》中有这样的记载：“简文入华林园，顾谓左右曰：‘会心处不必在远，翳然林水，便自有濠、濮间想也，觉鸟兽禽鱼自来亲人。’”其实，“濠”和“濮”本是两条河流的名字，最早来自于庄子与惠子在濠梁上关于“子非鱼，安知鱼之乐”的经典对话。“濠濮间想”是古人追求的一种自由的境界，也是一种与山水林木共欢乐的和谐。

天地之美，园林概之；
园林之美，理水载之。

建筑营造，时景为精

我国的古典园林，一般以自然山水作为景观构图的主题，园林布局效仿自然，各种景观自由排列。其中，皇家园林多采用中轴线布局，主次分明，疏朗有致，以示威严和庄重。私家园林并不追求规则和对称，其布局讲究曲折幽深，含蓄婉约，给人以庭院深深的感觉，让人居中可观景，观之能入画，回味无穷。

园林中常见的建筑物有殿、阁、楼、厅、堂、馆、轩、斋。它们被巧妙地布置在园林中，并与周围的山水、岩石、树木融为一体。通常都是一个主体建筑，附以一个或几个副体建筑。这些建筑造型优美，它们或大或小，或聚或散，各具特色，与山水、植物互相配合，构造出赏心悦目的自然美景。

园林里的建筑，经过造园师们的巧妙设计，楼台亭阁，主次分明，轩馆斋榭，高低错落；近有近观，远有远景，远近映衬，美轮美奂，既成为美妙的景观，又成为人们游赏的佳地。一如明人文震亨所说：“门庭雅洁，室庐清靓，亭台具旷士之怀，斋阁有幽人之致。又当种佳木怪箨，陈金石图书。令居之者忘老，寓之者忘归，游之者忘倦。”

厅堂是私家园林中最主要的建筑物。厅的功能多做聚会、宴请、赏景之用，其多种功能集于一体。

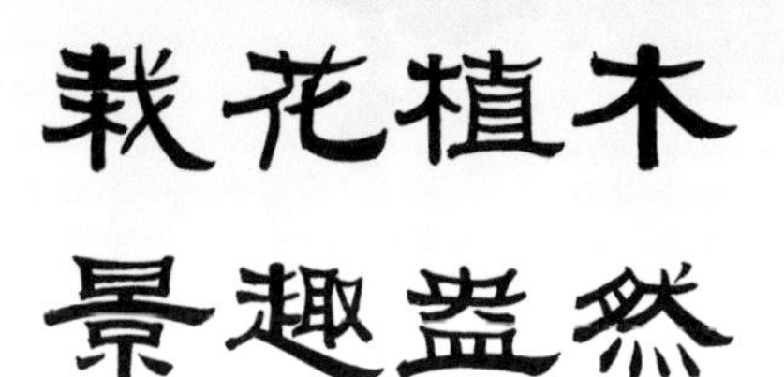

栽花植木 景趣盎然

古人造园时，在植物的选择上，追求质朴、清逸的种植风格，重视花木的姿态和画意。植物以古、奇、雅、色、香、姿为上选，在配置形式上，以孤植、对植及三五株丛植为主。

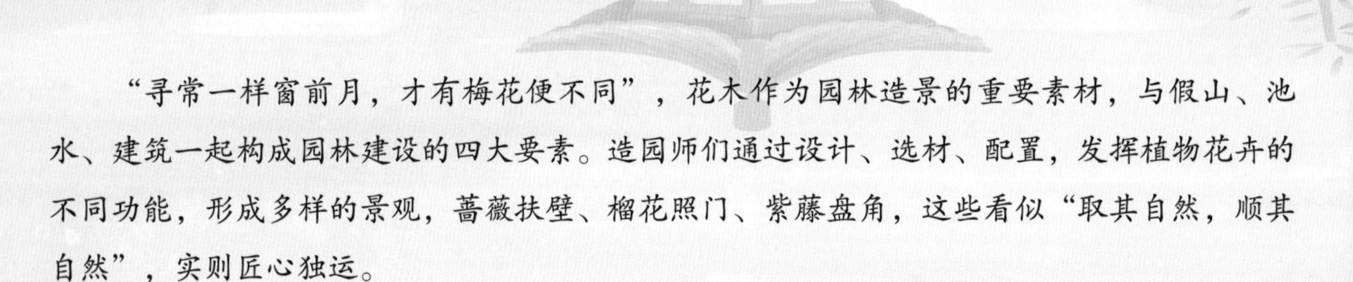

“寻常一样窗前月，才有梅花便不同”，花木作为园林造景的重要素材，与假山、池水、建筑一起构成园林建设的四大要素。造园师们通过设计、选材、配置，发挥植物花卉的不同功能，形成多样的景观，蔷薇扶壁、榴花照门、紫藤盘角，这些看似“取其自然，顺其自然”，实则匠心独运。

造园师们会根据植物的自然生长习性和季相变化，来模拟自然景致。他们通过巧妙的借景，将自然山川、时序变换都纳入园林之中，即使是在面积很小的庭院里，也能利用“三五成林”，创造出“咫尺山林”的效果。春季繁花似锦，夏季绿树成荫；秋季红叶醉人，硕果累累；冬季白雪皑皑，虬（qiú）枝嶙峋。一年四季，景色各异，景趣盎然。

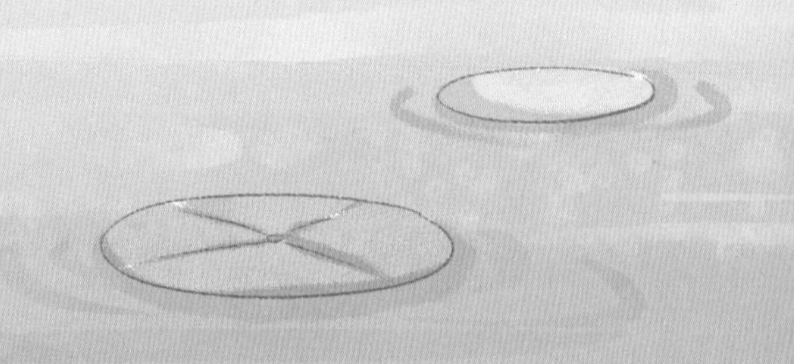

古时候的文人园林，其主人往往志趣高雅，他们不仅以花木的名字或特质为园林命名，而且还通过比拟和联想的手法，赋予园林以人格特色。竹子飘逸、刚劲，是中国古典园林中最常见的植物，自古以来就有“比德”之意。苏州的拙政园建有芙蓉榭，古时芙蓉指荷花，荷花天生丽质，被喻为花中君子，园主以此象征自己清高脱俗，不与世同的人生追求和境界。

书画传情，画龙点睛

自古以来，园林好书画，书画好园林，园林与书画结缘已久。古人在园林建成之后，常常会邀请雅友清客，赋诗品园。曹雪芹在《红楼梦》中借贾政之口说：“若干景致，若干亭榭，无字标题，任是花柳山水，也断不能生色。”

我们在亭台楼阁间漫步的时候，会时不时地看到在厅堂中间和门窗两侧出现的书法和字画。这些题于亭榭之上的书法，悬于厅堂之前的字画，与园中景色浑然交融，不仅丰富了自然山水的意蕴，而且激发了游者的兴趣，让人心生情愫，回味无穷。

园林中的匾额、楹联及刻石内容，既有园主及诗友们的即兴之作，也有直接引用前人诗句，或将前人诗句变通而成。苏州的沧浪亭有“清风明月本无价，远山近水皆有情”的对联，上联取自于欧阳修的《沧浪亭》“清风明月本无价，可惜只卖四万钱”，下联取自于苏舜钦的《过苏州》“绿杨白鹭俱自得，近水远山皆有情”。网师园有“小山丛桂轩”，源自庾信《枯树赋》的“小山则丛桂留人”。遥想秋日竞放日，满园桂香氤氲，让人不忍离去。

匾额是指悬置于门楣之上的题字牌，楹联是指门两侧柱上的竖牌，刻石指山石上的题诗刻字。

墨迹在园中的主要表现形式有题景、匾额、楹联、题刻、碑记、字画。

开窗借景，含蓄有情

漫步古典园林，我们经常会看到各种各样的漏窗和敞窗，以及形式各异的月洞门和梅花门。通过这些独特的建筑，我们还能欣赏到窗外和园外更多的风景。这就是所谓的借景，借景是中国古典园林建造中常采用的一种手法，它通过借景和引景，使迂回曲折的景色，变得幽邃深远，诗意横生。除了通过窗户和门洞的构图借景，造园师们还通过外借山寺晚钟、江上渔歌、竹里琴声、天边晓月，来构造独特的意境。

这些借来的景物、声音和颜色，扩大了园林的空间，丰富了景观的意蕴，让园林有了自然的天成之美和情趣。我们徜徉其中，曲径绕篱，花木扶疏，山水入画，往往会产生一种“蓦然心会，妙处难与君说”的感动。我们移步换景，空间半隔半透，景物若隐若现，如庄周梦蝶一般，恍惚间窗非窗而成画，山非其山而成画中之山，一时移天缩地，身心陶醉，不知身在何处。

明代的陈继儒在《小窗幽记》中，为我们描述了一座美丽的园林：

门内有径，径欲曲；径转有屏，屏欲小；屏进有阶，阶欲平；阶畔有花，花欲鲜；花外有墙，墙欲低；墙内有松，松欲古；松底有石，石欲怪；石面有亭，亭欲朴；亭后有竹，竹欲疏；竹尽有室，室欲幽。

借景在园林设计中占有重要地位，其目的是把各种在形、声、香上能增添艺术情趣、丰富画面构图的外界因素，引入到本景空间中，使景色更具特色和变化。借景的内容有借形、借声、借色、借香等，其方法包括“远借、临借、仰借、应时而借等”。它对扩大空间，丰富景观效果，提高园林艺术质量的作用很大。

蔚为大观，天下名园

颐和园

我国北方的一座大型天然山水园，也是保存最完整的皇家园林，被誉为皇家园林博物馆。

拙政园

苏州园林的代表作之一，在中国的造园史上具有重要的地位，被誉为“中国园林之母”。

中国的园林有着悠久的历史，一园一洞天，一景一河山。其熔传统建筑、文学、书画、雕刻和工艺等艺术于一炉的综合特性，让这些园林美轮美奂，别具特色。颐和园、承德避暑山庄、拙政园和留园，被公认为中国最优秀的园林建筑，合称为“中国四大名园”。

承德避暑山庄

因山就水，完全借助自然地势而建造的一座皇家园林，其最大特色就是山中有园，园中有山。

留园

建筑布置精巧、奇石众多，有“不出城郭而获山林之趣”，是建筑空间艺术处理的范例。

诗词印象

中国古典园林是古代文人灵魂的栖息地，也是他们审美思想的最高追求。园林集诗词、绘画、建筑营建等为一体，创造出一种具有诗意、画境、美感、情趣的空间形式。人们可以通过这些诗词去感受、想象和体味，并与之产生共鸣，从而获得美好的精神享受。

馆娃宫怀古

〔唐〕皮日休

绮阁飘香下太湖，
乱兵侵晓上姑苏。
越王大有堪羞处，
只把西施赚得吴。

牡丹亭·游园惊梦

〔明〕汤显祖

画廊金粉半零星，
池馆苍苔一片青。
踏草怕泥新绣袜，
惜花疼煞小金铃。

游狮子林

〔清〕王赓言

居士高踪何处寻，
居然城市有山林。
清风明月本无价，
近水远山皆有情。

渔家傲·四月园林春去后

〔宋〕欧阳修

四月园林春去后，深深密幄阴初茂。折得花枝犹在手。香满袖，叶间梅子青如豆。

风雨时时添气候，成行新笋霜筠厚。题就送春诗几首。聊对酒，樱桃色照银盘溜。

草堂初成·偶题东壁

〔唐〕白居易

五架三间新草堂，石阶桂柱竹编墙。

南檐纳日冬天暖，北户迎风夏月凉。

洒砌飞泉才有点，拂窗斜竹不成行。

来春更葺东厢屋，纸阁芦帘著孟光。

鹧鸪天·草草园林作洛川

〔宋〕朱敦儒

草草园林作洛川。碧宫红塔借风烟。

虽无金谷花能笑，也有铜驼柳解眠。

春似旧，酒依前。何妨倚杖雪垂肩。

五陵侠少今谁健，似我亲逢建武年。

拙政园图咏·若墅堂

〔明〕文徵明

会心何必在郊坰，近圃分明见远情。

流水断桥春草色，槿篱茅屋午鸡声。

绝怜人境无车马，信有山林在市城。

不负昔贤高隐地，手携书卷课童耕。

秋过怀云亭访周雪客调寄踏莎行

〔清〕徐崧

东西南北桥相望，画桥三百映江城。

春城三百七十桥，两岸朱楼夹柳条。

绿浪东西南北水，红栏三百九十桥。

不知城市有山林，谢公丘壑应无负。

题大观园

〔清〕曹雪芹

衔山抱水建来精，

多少工夫筑始成。

天上人间诸景备，

芳园应锡大观名。

图书在版编目（CIP）数据

园林 / 姚青锋，王刚，吴艳主编 ; 书香雅集绘. --
长春 : 吉林科学技术出版社, 2023.9
（少年中国地理 / 姚青锋，王刚主编）
ISBN 978-7-5744-0791-6

Ⅰ. ①园… Ⅱ. ①姚… ②王… ③吴… ④书… Ⅲ.
①园林艺术—中国—少年读物 Ⅳ. ①TU986.62-49

中国国家版本馆CIP数据核字(2023)第160220号

少年中国地理
SHAONIAN ZHONGGUO DILI
园林
YUANLIN

主　　编　姚青锋　王　刚　吴　艳
　　　绘　书香雅集
策 划 人　于　强
出 版 人　宛　霞
责任编辑　郑宏宇
助理编辑　李思言
幅面尺寸　210 mm×285 mm
开　　本　16
印　　张　3
字　　数　38千字
印　　数　1-7000册
版　　次　2023年10月第1版
印　　次　2023年10月第1次印刷

出　　版　吉林科学技术出版社
发　　行　吉林科学技术出版社
地　　址　长春市福祉大路5788号出版大厦A座
邮　　编　130118
发行部电话/传真　0431-81629529　81629530　81629531
　　　　　　　　　81629532　81629533　81629534
储运部电话　0431-86059116
编辑部电话　0431-81629516
印　　刷　吉林省吉广国际广告股份有限公司

书　　号　ISBN 978-7-5744-0791-6
定　　价　58.00元